Sitzungsberichte
der Akademie der Wissenschaften
der DDR
Mathematik – Naturwissenschaften – Technik

13 N

1976

K. Lohs / K.-D. Ernst / M. M. Schneider

# Umweltkrieg und Abrüstung

AKADEMIE-VERLAG · BERLIN

THEORIA CUM PRAXI

Sitzungsberichte
der Akademie der Wissenschaften
der DDR
Mathematik — Naturwissenschaft — Technik

Jahrgang 1976 · Nr. 13/N

K. Lohs / K.-D. Ernst / M. M. Schneider

# Umweltkrieg und Abrüstung –

## Probleme und Perspektiven

AKADEMIE-VERLAG · BERLIN
1976

Vorträge gehalten vor dem Plenum der AdW
in der Sitzung der Klasse
Umweltschutz und Umweltgestaltung
am 22. April 1976

Herausgegeben im Auftrage
des Präsidenten der Akademie
der Wissenschaften der DDR
von Vizepräsident Prof. Dr. Heinrich Scheel

Erschienen im Akademie-Verlag, 108 Berlin, Leipziger Str. 3–4

Lizenznummer: 202 · 100/184/76
Gesamtherstellung: VEB Druckhaus Köthen
Bestellnummer: 753 222 3 (2010/76/13/N) · LSV 0525
Printed in GDR
DDR 4,50 M

## Inhalt

Karlheinz Lohs, Ordentliches Mitglied der Akademie der Wissenschaften der DDR
Einige Aspekte zum Thema „Umweltkrieg" ... 5

Klaus-Dieter Ernst, Ministerium für Auswärtige Angelegenheiten der DDR
Die Einstellung des Wettrüstens und das Verbot des militärischen Mißbrauchs der Umwelt ... 21

Dr. Martin Manfred Schneider, Zentralinstitut für Physik der Erde der Akademie der Wissenschaften der DDR
Zum Begriff der Umweltkriegführung aus der Sicht der internationalen Anstrengungen um ihr Verbot ... 26

Karlheinz Lohs

# Einige Aspekte zum Thema „Umweltkrieg“

Im Sinne einer naturwissenschaftlichen Einführung zu den nachfolgenden Darlegungen von Herrn Ernst sollen einige Aspekte zum Thema „Umweltkrieg“ hervorgehoben werden, die die von imperialistischen Militärs geplante großräumige militärische Einwirkung auf die natürliche Umwelt und das Klima als einen Spezialfall der chemischen Kriegsführung deutlich werden lassen. Auf Mittel, Möglichkeiten und Besonderheiten neuartiger physikalischer Waffensysteme wird in diesem Vortrag nicht eingegangen[1].

Seit 60 Jahren lebt die Menschheit mit dem Begriff des „Weltkrieges“. Es handelt sich hier um eine neue begriffliche Qualtät vom Kriege, die alle bis dahin stattgefundenen Kriege lediglich als begrenzte regionale Konflikte einzelner Staaten oder kleinerer Staatengruppen der nunmehr stattgefundenen weltweiten Ausdehnung des Kriegsgeschehens gegenüberstellt. Sowohl der 1. als auch der 2. Weltkrieg waren in diesem Sinne Kriege mit *politisch* weltweiter Ausdehnung. *Militärisch* ging diese Ausdehnung zwar über früher stattgefundene Kriege weit hinaus, jedoch gab es auch während dieser beiden Weltkriege noch riesige Regionen dieser Erde, die vom unmittelbaren Kriegsgeschehen unberührt geblieben sind.

Mit den Atombombenabwürfen auf Hiroshima und Nagasaki wurde am Ende des 2. Weltkrieges der tatsächliche „Weltkrieg“ im umfassenden Sinne eröffnet und die Zerstörungsmöglichkeit der gesamten Umwelt des Menschen in den Bereich der militärisch-technischen Realisierung gerückt.[2]

Das von den imperialistischen Staaten ausgelöste Wettrütsen hat den Menschen aller Regionen dieser Erde die Tatsache bewußt gemacht, daß inzwischen eine solche Menge von Kernsprengstoff bevorratet wird, die zur mehrfachen Vernichtung unseres Planeten ausreicht. Man halte sich hierbei vor Augen, daß die Explosivkraft der ersten Atombombe einem Sprengstoffäquivalent von 20 000 Tonnen TNT (Trinitrotoluol) entsprach und heute atomare Sprengköpfe mit dem Äquivalent von 20 000 000 Tonnen TNT vorhanden sind. Allein die derzeit in Europa vorhandenen einsatzbereiten taktischen Kernwaffen repräsentieren die 30fache TNT-Menge des gesamten im 2. Welktrieg und den Kriegen in Korea sowie Vietnam zum Einsatz gekommenen Sprengstoffe [2; 3][3]. Schon bei einem begrenzten Einsatz dieser Kernwaffen können die Zerstörungen der Umwelt des Menschen und die Schädigung großer Teile der Bevölkerung so verheerend sein, daß die Erde unbewohnbar wird.

In Erkenntnis dieser Gefahren wurden in den letzten Jahren — aus politisch sehr unterschiedlichen Motiven — Verträge zur Nichtweiterverbreitung von Kernwaffen und zur Rüstungsbegrenzung auf dem Gebiet der Raketen-Kernwaffen abgeschlossen bzw. stehen noch weitere Verträge vor ihrem Abschluß. Damit wird die Gefahr eines Kernwaffenkrieges zumindest eingedämmt.

Ungeachtet dessen sind von den imperialistischen Staaten *neue* Gefahren für die Menschheit heraufbeschworen worden, die nicht unmittelbar mit dem Einsatz der Kernwaffen verbunden sind. Keinesfalls sollten deshalb die Entwicklungen der sogenannten konventionellen Waffensysteme unterschätzt werden (s. Tabelle im Anhang).

Ebensowenig darf vergessen werden, daß die Schlußphase des 2. Weltkrieges auch *ohne* den demonstrativen Einsatz der amerikanischen Atombomben viele deutsche und japanische Städte an den Rand der humanökologischen Katastrophe gebracht hat [4]. Die Flächenbrände nach dem Einsatz von Brandbomben und anderen Brandmitteln während des 2. Weltkrieges in Deutschland und in Japan und insbesondere die Verwendung des Napalm im Koreakrieg sowie im Vietnamkrieg durch die USA waren erste deutliche Hinweise auf neuartige Formen zur schweren regionalen Schädigung der Umwelt ohne einen Einsatz von Kernwaffen [5].

Als dann die US-Armee in Vietnam Mitte der sechziger Jahre mit dem großflächigen Einsatz der Herbizide begann, wurde es offenkundig, auf wie tiefgreifende Weise in einem konventionellen Krieg die Umwelt des Menschen für Jahre und Jahrzehnte geschädigt werden kann. Noch vor wenigen Jahren war anzunehmen, daß diese verbrecherische Art der Kriegführung — trotz aller technischen Möglichkeiten der modernen Kriegsmaschinerie — keine den Kernwaffen vergleichbare kontinentale Ausdehnung erfahren wird. Am Ende des Vietnamkrieges und in den seither vergangenen drei Jahren wurde jedoch immer deutlicher, daß diese Art des „Umweltkrieges" durchaus kein Phantasieprodukt von science-fiction-Autoren ist, sondern harte militärisch-technische Realität von kontinentaler Dimension zu werden begonnen hat.

Im Blick auf diesen Sachverhalt hat im Herbst 1974 die UdSSR auf der XXIX. Tagung der UNO-Vollversammlung in New York einen Konventionsentwurf zum Schutz der Umwelt vor militärischen Einwirkungen vorgelegt, und der sowjetische Außenminister Gromyko hat in seiner Rede vor dieser

UNO-Vollversammlung diesen Konventionsentwurf im Rahmen der politischen Zielsetzung der UdSSR begründet [6].

Nach intensiven bilateralen Verhandlungen zwischen der UdSSR und den USA wurden am 21. August 1975 gleichlautende Konventionsentwürfe im Genfer Abrüstungsausschuß vorgelegt, in denen die ursprüngliche Aufzählung der Möglichkeiten zur Umweltveränderung (Art. 2 des alten Entwurfs)[4] durch eine generelle Formulierung ersetzt wurde [7][5]. Die XXX. UNO-Vollversammlung hat die Bemühungen des Genfer Abrüstungsausschusses bei der Erarbeitung des Textes für eine Umweltkonvention allgemein anerkannt. Am 11. Dezember 1975 ist die entsprechende Resolution 3475 (XXX) im Konsensus angenommen worden. Man kann davon ausgehen, daß die Beratungen im Genfer Abrüstungsausschuß in der Frühjahrssession 1976 fortgesetzt werden. In diesem Zusammenhang sei daran erinnert, daß L. Breshnew in seinem Grundsatzreferat auf dem XXV. Parteitag der KPdSU die Bedeutung dieser Konventionsentwürfe erneut mit Nachdruck unterstrichen hat. — In einer Studie „Gegen den militärischen Mißbrauch der Umwelt" kommt M. M. Schneider, Mitarbeiter des Außenministeriums der DDR, zu dem Schluß: „Die Gefahr ist real, daß wissenschaftlich-technische Erkenntnisse auf allen Gebieten der Umweltforschung zum Schaden der menschlichen Gesellschaft militärisch mißbraucht werden können." An anderer Stelle desselben Beitrages betont der Autor: „Die Einwirkung auf die natürliche Umwelt als Mittel der Kriegführung hat neben der Schaffung optimaler Bedingungen für Kampfhandlungen einen ganz entscheidenden weiteren Aspekt. Sie sind mit dem Einsatz einer blinden Waffe vergleichbar, die unterschiedslos gegen die Streitkräfte eines Gegners und die Zivilbevölkerung gerichtet ist und kann damit den Charakter eines Massenvernichtungsmittels annehmen" [8].

Im weiteren Verlauf dieser Ausführungen sollen nun die speziellen Gesichtspunkte des Chemikers und Toxikologen zum Thema „Umweltkrieg" herausgestellt und in ihrer Bedeutung verdeutlicht werden. Der Grund für diese *besondere Betonung der Chemie* liegt in dem Sachverhalt begründet, daß die Mittel und Möglichkeiten der Chemie bereits gegenwärtig reale Gefahren einer Umweltkriegführung heraufbeschworen haben, wie das schon erwähnte Beispiel des Vietnamkrieges gezeigt hat. In erheblichem Umfang ist der vietnamesische Kriegsschauplatz von den USA als eine Art waffentechnisches Versuchsfeld betrachtet worden. An dieser Stelle können nähere Ausführungen über die chemische Kriegführung der USA in Vietnam entfallen, da bereits in einer Plenarveranstaltung unserer Akademie im Februar 1975 entsprechende Angaben gemacht wurden [9]. Ergänzend sei lediglich auf eine inzwischen erschienene Studie von Arthur H. Westing vom Windham College, Putney, Vermont (USA) über die Umweltkonsequenzen des letzten Krieges in Indochina, insbesondere in Vietnam und Kambodscha hingewiesen [10]. Diese Studie bringt eine Reihe von Klarstellungen, die man in dem offiziellen Bericht der Regierung der USA zu diesem Thema vergeblich sucht.

Von der breiteren Öffentlichkeit sind neben den Herbizidanwendungen zur Zerstörung des Bestandes an Nutzpflanzen die in Vietnam erstmals militärisch erprobten Wetterbeeinflussungen zunächst kaum beachtet worden. So wurden entsprechende Pressemeldungen auch nicht ernst genug genommen, bis die Statements und die Protokolle der entsprechenden US-amerikanischen Regierungskommissionen vorlagen, die deutlich werden ließen, daß in der letzten Phase des Vietnam-Krieges erstmals die geophysikalische Kriegführung — wenn auch noch mit umstrittenem „Erfolg" — geprobt worden war [11].

Der einer geophysikalischen Kriegführung zugrundeliegende Leitgedanke ist die Freisetzung bzw. militärische Nutzung von natürlichen Energievorräten der Erde und ihrer unmittelbaren Umgebung. Die dem Wettergeschehen innewohnenden Energien sind hierbei besonders vordergründig, denn immerhin steckt in einem Tornado ein Energieäquivalent von 50 Kilotonnen TNT und in einem Hurrican 1 000 Megatonnen TNT [12]. Zweifellos ist daher eine manipulierbare Meteorologie ein „Schreckgespenst" besonderer Art. Aus militärischer Sicht ist die „Wetterwaffe" in ihrer speziellen Anwendungsform der Klimabeeinflussung, d. h. der Veränderung des mittleren Zustandes und des Ablaufs der Witterung, eine langsam wirkende strategische Waffe, während die anderen Anwendungsformen einer unmittelbaren Nutzung mechanischer und thermischer Energien des „Wetters" (Stürme, Gewitter) oder seismischer Vorgänge („Erdbeben") durchaus den Charakter von taktischen Waffen mit akutem Gefährdungscharakter besitzen.

Die sich wissenschaftlich-technisch abzeichnenden Mittel und Wege der militärischen Enwirkungen auf die Biosphäre reichen jedoch noch viel weiter.

Der Artikel 2 des sowjetischen Konventionsentwurfes von 1974 warnt vor zwölf Möglichkeiten der Herbeiführung von Schäden der Umwelt [13].

Im einzelnen heißt es in diesem Artikel über diese Möglichkeiten:

a) Einflußnahme durch chemische Reagenzien auf die Wolkensysteme (Luftmassen) zur Herbeiführung von Niederschlägen (Wolkenbildung) und durch andere Methoden, die zur Umverteilung der Wasserressourcen führen;

b) Veränderung der Wetter- und Klimaelemente sowie des hydrologischen Wasserhaushaltes des Festlandes in jedem beliebigen Teil der Erdoberfläche;

c) direkte oder indirekte Einwirkung auf elektrische Prozesse in der Atmosphäre;

d) direkte oder indirekte Störungen der Elemente der Energie- und Wasserbilanz meteorologischer Objekte (Zyklone, Antizyklone, Systeme von Wolkenfronten);

e) direkte oder indirekte Veränderungen physikalischer und chemischer Parameter der Gewässer, des Grundes und der Küsten von Meeren und Ozeanen, die zur Veränderung der hydrologischen Verhältnisse, des Wasseraustausches sowie der Ökologie der biologischen Masse der Meere und Ozeane führen;

f) direkte oder indirekte Auslösung seismischer Wellen durch jegliche Methoden oder Mittel, die zu Erdbeben sowie den mit ihnen einhergehenden Prozessen und Erscheinungen sowie zur Schaffung zerstörender Wellen, darunter vom Typ der Tsunami, im Ozean führen;

g) direkte oder indirekte Einwirkung auf die Wasseroberfläche, die zu Störungen des thermischen und Gasaustausches der Hydrosphäre und Atmosphäre führt;

h) Herstellung künstlicher stabiler elektromagnetischer und akustischer Felder in den Ozeanen und Meeren;

i) Veränderungen des natürlichen Zustandes der Flüsse, Seen, Sümpfe und anderer Wasserobjekte des Festlandes durch Methoden und Mittel aller Art, die zur Versandung, Austrocknung, zu Überschwemmungen, Überflutungen und zur Zerstörung hydrotechnischer Anlagen sowie zu anderen schädlichen Folgen führen;

j) Störung des natürlichen Zustandes der Lithosphäre; unter anderem der Oberfläche des Festlandes, durch mechanische, physikalische und andere Mittel, die zur Erosion, zur Veränderung der mechanischen Struktur, zur Austrocknung oder Überschwemmung des Bodens und zu Beschädigungen von Bewässerungs- und Meliorationssystemen führen;

k) Vernichtung der Vegetation und andere Aktivitäten, die zur Störung der Ökologie der Pflanzen- und Tierwelt führt;

l) direkte oder indirekte Einwirkung auf die ionisierten Schichten, auf die Ozonschichten in der Atmosphäre sowie der Einsatz von wärme- und strahlungsenergieadsorbierenden Mitteln in die Atmosphäre und die darunterliegende Oberfläche und andere Handlungen, die zu Störungen in der Wärme- und Strahlungsbilanz des Systems Erde—Atmosphäre—Sonne führen können.

Die Mehrzahl dieser aktiven Einwirkungen auf die Erdoberfläche, auf den Grund von Meeren und Ozeanen, auf das Erdinnere, auf das Wasser, die Atmosphäre und auf andere Elemente der natürlichen Umwelt ist an den Einsatz chemischer Mittel gebunden. Ein solcher Sachverhalt wird bisher in der öffentlichen Diskussion dieser Problematik gar nicht bzw. nur sehr unzureichend beachtet. Hinzu kommt, daß man entweder recht verschwommene Vorstellungen über die technische Realisierung der Freisetzung geophysikalischer Energievorräte hat oder als „Initialzünder“ für die Auslösung entsprechender Prozesse ausschließlich die Kernwaffen in Betracht zieht. Damit stehen die heute bereits real vorhandenen chemischen Mittel und Möglichkeiten im Schatten des tatsächlichen Geschehens. Den imperialistischen Dunkelmännern erleichtert dies in willkommener Weise die Vorbereitung ihrer Kriegspläne. Hinzu kommt, daß diese chemischen Mittel mit den chemischen Kampfstoffen im herkömmlichen Sinne nicht vergleichbar sind. Dies ist für die Legalisierung und Verharmlosung der militärischen Forschung und Entwicklungen sogar ein nicht zu unterschätzender „Vorteil", angesichts der öffentlichen Meinung in großen Bereichen der kapitalistischen Staaten. Es handelt sich bei einigen dieser chemischen Verbindungen um Substanzen, die nicht einmal unmittelbare biologische Aktivität besitzen, sondern die nur auf Grund ihres spezifischen chemischen Reaktionsverhaltens oder durch physikalische Besonderheiten ihres Aggregatzustandes (z. B. Oberflächenstruktur, Aerosolbildung bzw. molekulardisperse Zerteilung usw.) mit atmosphärischen Komponenten reagieren. Solche atmosphärischen Komponenten können im einfachsten Falle das Wasser oder ultrafeine Stäube sein, ebenso aber auch komplizierte chemische Verbindungen unterschiedlichsten Ursprungs. Daneben sind es verschiedene Strahlungsarten. die aus dem Weltraum zur Erde gelangen, wie die in den höheren Schichten der Atmosphäre bzw. der Troposphäre und Stratosphäre vorhandene weiche Röntgenstrahlung (1—100 Angström), die extrem kurzwelligen UV-Strahlungen (EUV-Strahlung: 100—2000 Angström) und die eigentliche UV-Strahlung (200—3900 Angström) — alle diese Komponenten kommen als Reaktionspartner in Betracht.

Von Anbeginn der Diskussion hat die Manipulierung der elektromagnetischen Strahlung eine herausragende Rolle gespielt, da die von der schützenden Ozonschicht zurückgehaltenen kürzeren Wellenlängen kürzer als 300 nm für die Auslösung von Hautkrebs, für die Inhibierung der Photosynthese und damit des Pflanzenwachstums sowie der unmittelbaren Absorption dieser Wellenlängen durch die DNS (bei 265 nm) und die Proteine (bei 275 bis 285 nm) letztendlich lebensentscheidend im unmittelbarsten Sinne sind. Vorerst bleibt es allerdings eine offene Frage, ob und mit welchem tatsächlichen Zerstörungseffekt Eingriffe in die uns vor der Weltraumstrahlung schützende Ozonhülle durch ozonbindende bzw. ozonumsetzende chemische Verbindungen für ein Waffensystem nutzbar gemacht werden können. Im Prinzip sind solche „Anti-Ozon-Systeme" möglich und im Laborversuch sowie bei engbegrenzten Stratosphärenversuchen lassen sich tatsächlich, z. B. mit nitrosen Gasen oder mit den chemisch unter „irdischen Bedingungen" indifferenten Fluorchlorkohlenwasserstoffen, entsprechende Effekte erzielen[6]. Das wirklich gesicherte Wissen hierüber ist noch zu gering, um die militärische Nutzung als Waffe abschätzen zu können. Gleiches gilt für die derzeitigen Diskussionen über die Erzeugung von

Ozon aus dem Sauerstoff der unteren Schichten der Atmosphäre mit dem Ziel, die starke Giftwirkung des Ozons als Kampfstoff zu nutzen. Vorerst ist auf diesem Gebiet weitaus mehr journalistische Spekulation als militär-technische Realität vorhanden.

Die derzeit auf dem Gebiet der experimentellen Meteorologie und Aerochemie ausgeführten Versuche sind eng verknüpft mit den teilweise auch unter zivilen Aspekten betriebenen Studien zur Wetterbeeinflussung, insbesondere der künstlichen Erzeugung von Regen, der Verhinderung von Hagel oder der Einwirkung auf Gewitterfronten. Ohne hier näher darauf eingehen zu wollen, soll nur kurz erwähnt werden, daß die Mehrzahl solcher Manipulierungen heute mit relativ einfachen chemischen Verbindungen vorgenommen werden. Von der Verdüsung temperierten Wassers über das Zerstäuben von Trockeneis bzw. festem Kohlendioxid bis zur Verwendung von flüssigem Propan und der Ausbringung von ultrafeinen Metallstäuben oder von Silberjodid sowie Bleijodid gibt es schon eine ganze Reihe praktisch erprobter Verfahren, deren militärische Nutzung (siehe Vietnam) auch bereits in die Wege geleitet worden ist [8; 11; 12].

Besonderes Interesse verdienen die bereits technisch möglichen chemischen Eingriffe in den äquatischen Bereich der Seen und Meere sowie für Einwirkungen auf die Lithosphäre. So kann man Wasserflächen mit dünnen chemischen Filmen (z. B. aus Hexadecanol, einem Fettalkohol) überziehen, um die lebenswichtige Verdunstung zu unterbinden. Schon 300—500 Gramm (!) Hexadecanol reichen aus, um 1 Quadratkilometer Wasserfläche zu bedecken. Mit solchen oberflächenaktiven Bedeckungen von Wasserflächen nimmt man Einfluß auf die Wolkenbildung. Angrenzende Länder, die aus solchen Gebieten ihre Feuchtigkeit beziehen, müssen bei einem großflächigen Verdunstungsstop und die damit zwangsläufig verbundene Wetterbeeinflussung mit Trockenheit und Dürre rechnen. Andererseits ist durch das Bedecken von Schnee- und Gletscherflächen mit Ruß oder Farbpigmenten, wie dies u. a. Versuche in den chilenischen Anden gezeigt haben, das schnelle Abtauen großer Wassermengen möglich, die zu Überschwemmungen der Talregionen führen können (dabei ist noch gar nicht an das partielle Abtauen der Polkappen unserer Erde gedacht, da dies in unserem Jahrhundert noch jenseits des technisch Realisierbaren liegt. Solche Abtauprozesse des Polareises würden die Überflutung weiterer Landstriche der Kontinente zur Folge haben). Ähnliche Überflutungseffekte scheinen auch möglich durch Sprengungen locker gelagerter Felsmassen und Sedimente am Rand des Kontinentalsockels, der teilweise ein Gefälle von mehreren hundert Metern hat. Solche Sprengungen sind mit konventionellen chemischen Sprengstoffen durchführbar, d. h. auch ohne Kernwaffen.

Unwissenheit und mangelnder Weitblick waren es, die vor 7000 Jahren in der antiken Zivilisation die Umweltzerstörung eingeleitet und mit Bodenversalzung und Bodenerosion uns Wüsten hinterlassen haben, wo einst blühende Gärten und fruchtbare Felder die Basis großer Kulturbereiche bildeten. Jetzt aber stehen wir vor der Tatsache, daß durch wissenschaftlichen Mißbrauch der Forschung und Technik die militärisch programmierte „Verwüstung" in globalem Ausmaß zur realen Möglichkeit geworden ist. Während die irreversible Bodenversalzung z. B. in Mesopotamien während der zurückliegenden fünftausend Jahre als eine chemische Verseuchung mit den in der Natur vorkommenden Substanzen darstellte, so würde die durch die industrielle Umweltverschmutzung eingeleitete und durch militärische Aktionen ins Extrem zu treibende Vergiftung des menschlichen Lebensraumes in Monaten und in wenigen Jahren zu Umweltveränderungen führen, die der Menschheit keine Rückzugsmöglichkeiten in unbeschädigte Lebensräume mehr zulassen. Erstmals in der Geschichte ist die Erhaltung des Weltfriedens zur *einzigen* Alternative geworden, die Auslöschung des Menschen als Bewohner dieser Erde zu verhindern.

In folgerichtiger Fortsetzung ihrer konstruktiven Friedenspolitik hat die UdSSR auf der XXX. Tagung der UNO-Vollversammlung den Vorschlag unterbreitet, zu einem generellen „Verbot der Entwicklung und Produktion *neuer* Arten von Massenvernichtungswaffen und neuer Systeme solcher Waffen" zu gelangen.

Die Umweltzerstörung mit chemischen Mitteln ist — wie bereits betont — nicht mehr ausschließlich an den Einsatz der chemischen Kampfstoffe im engeren Sinne bzw. der chemischen Waffen bekannter Art gebunden. Dabei soll nicht übersehen werden, daß die in riesigen Mengen bevorrateten militärischen Gifte, wie z. B. vom Typ der phosphororganischen V- bzw. VX-Stoffe furchtbare Wirkungen entfalten und millionenfachen Tod nach sich ziehen würden, wenn sie zum Einsatz kämen [14].

Aber ebenso aufmerksam sind die Resultate der toxikologischen Forschung zu verfolgen, die im Zusammenhang mit rein zivilen Fragestellungen erzielt wurden und die für die Zwecke schwerwiegender Umweltschädigungen militärisch mißbraucht werden können.

Hierfür noch einige Beispiele. Die Herbizideinsätze der USA in Vietnam haben die Aufmerksamkeit der Toxikologen auf das Tetrachlordibenzodioxin (kurz DIOXIN genannt) gelenkt — eines der wirkungsstärksten synthetischen Gifte, die bisher bekannt geworden sind. Diese kristalline, leicht und billig herstellbare und einfach zu handhabende Substanz vermag, wenn sie — z. B. durch Sabotageakte — von Flugzeugen aus, von den Angegriffenen unbemerkt, über einem Territorium versprüht oder zerstäubt wird, schwerste akute Vergiftungen für die betroffenen Bewohner zu bringen [15].

Sowohl die gesundheitlichen Schäden, die zu unaufhaltbarem Siechtum führen, als auch die technisch nicht mögliche Entgiftung eines solcherart geschädigten Territoriums können die zeitweise oder völlige Räumung ganzer Regionen zur Folge haben. Mit einigen Tonnen dieses Dioxins wäre die Bewohnbarkeit eines Gebietes von der Größe eines Landes wie Dänemark oder wie Belgien in Frage zu stellen. Drei oder vier zivil getarnte Flugzeuge sind in der Lage, die dafür erforderliche Menge in einer einzigen „Nacht-und-Nebel-Aktion" unbemerkt über ein ungeschütztes ahnungsloses Land zu verteilen.

Die nachstehende Tabelle gibt einen Vergleich der Toxizitätswerte für phosphororganische Kampfstoffe und dem Dioxin, die wir tierexperimentell ermittelt haben [16].

| Kampfstoff | Toxizität (als $LD_{50}$-Wert, mg/kg, p. o.) | | |
|---|---|---|---|
| | Maus | Ratte | Meerschweinchen |
| SARIN | 1,4 | 0,8 | — |
| VX | 0,17 | 0,09 | 0,08 |
| DIOXIN | 0,1 | 0,1 | 0,001 |

In gleicher Weise, wie im Falle der Dioxin-Anwendung sind auf dem Weg über die Vergiftung der Flüsse, Seen und küstennahen Gebiete von Schiffen und Flugzeugen aus, andere Gifte mit verzögerter Wirkung zur irreparablen Schädigung der Anwohner auszubringen. Erwähnt seien auswahlweise nur einige Metallsalze, wie Berylliumazetat, Cadmiumsulfat oder -chlorid, Methylquecksilberazetat, Thalliumnitrat und Uran- oder Plutoniumsalze. Insbesondere letztere würden die bleibende Unbewohnbarkeit weiter Regionen bedingen.

Plutonium in größeren Mengen wurde erstmals bei den Atombombenexplosionen über New Mexico am 16. Juli 1945 und am 9. August 1945 über Nagasaki freigesetzt. Die bis zur Einstellung der oberirdischen Atombombentests freigesetzte Menge an Plutonium-239 wird auf 300 bis 600 kCi (= 5 bis 10 t) geschätzt. Durch den Fall-out sind bis heute etwa 95% dieses Plutoniums auf der Erde abgelagert worden. Sie bilden den weltweiten Plutonium-239(240)-Kontaminationspegel.[7]

Angesichts der extremen Toxizität des Plutoniums ist zu beachten, daß die in der Welt erzeugte Menge von Jahr zu Jahr zunimmt — auch ohne den mit Plutonium betriebenen Schnellen Brüter. Immerhin erzeugt ein Leichtwasserreaktor mit 1000 MW elektrischer Leistung jährlich etwa 200 bis 250 kg dieses wertvollen Kernbrennstoffes. (Damit lassen sich 20—25 Atombomben des Nagasaki-Typs herstellen!)

Auf Basis derzeitiger Planungen werden 1980 etwa 30 Länder über Kernkraftwerke verfügen. Bereits 1975 produzierten die Reaktoren in aller Welt 25 000 kg Plutonium. 1980 werden dies 100 000 kg sein und der Gesamtvorrat wird dann auf 350 000 kg anwachsen (davon ein Drittel in den sogenannten kernwaffenfreien Ländern).

Im Falle des militärischen oder auch des terroristischen Mißbrauches kann hier eine weltweite Gefährdung ungeheuren Ausmaßes entstehen. Hierzu muß man sich die den Menschen zumutbaren Konzentrationen an Plutonium vor Augen halten. Die maximal zulässigen Konzentrationen betragen im menschlichen Körper 0,04 $\mu$Ci Plutonium-239 (238, 240) für Knochen und 0,4 $\mu$Ci Plutonium-239 (240) für die Leber. (In löslicher Form inkorporiertes und in die Blutbahn gelangtes Plutonium lagert sich bevorzugt in der Leber und im Knochen ab, und zwar an der Knochenoberfläche, wo es durch Strahlenwirkung auf empfindliche Zellen Krebs induzieren kann.)[8]

Zweifelsohne hat man das Plutonium seinem Namen gemäß als wahren „Höllenhund" unter den Umweltgiften zu betrachten und damit auch als potentielles Mittel für eine Umweltkriegführung.

Aber auch bereits die ausgewählte Vernichtung von Nahrungsquellen mittels geeigneter Gifte kann schwerwiegende Konsequenzen haben. Die Auslösung eines mehrmonatigen Fischsterbens vor Island oder rund um die japanischen Inseln wäre von jeweils einem Tankschiff, welches 200—300 Tonnen Toxaphen in das Wasser abläßt, zu bewerkstelligen. Dies hätte zweifellos für diese Länder katastrophale Folgen. Ebenso kann die mit Natriumfluorazetat und verwandten Fluorkarbonsäurederivaten durchführbare Vernichtung großer Viehbestände, z. B. in den lateinamerikanischen Ländern oder in anderen Gebieten mit Intensivtierhaltung, eine technisch durchaus schon jetzt mögliche Variante eines regionalen „Umweltkrieges" darstellen.

Ohne hier weitere Beispiele auszuführen, ist auch wohl für den Nichtchemiker und den Nichttoxikologen klar, daß die bereits in der zivilen chemischen Industrie produzierten Giftstoffe nach Art und Menge riesige Reservoire für einen chemischen Umweltkrieg darstellen. Hiervon einen Eindruck vermittelt zu haben, war das wesentliche Anliegen dieser kurzen Darlegungen. Um es aber deutlich zu unterstreichen: Es geht nicht darum, mit solchen Darlegungen eine blinde Giftfurcht zu erzeugen und Panikstimmung auszulösen, sondern dem Gift und der Panik zuvorzukommen, indem die Gefahr in ihrer Tragweite erkannt und alle Möglichkeiten zum umfassenden Schutz des Lebens auf der Erde genutzt werden. In einem solchen Sinne erwächst hieraus insbesondere auch für die Mitglieder und die Mitarbeiter unserer Akademie die Verpflichtung, aufklärend zu wirken, denn die Bevölkerung hat einen legitimen Anspruch auf sachkundige, emotionsfreie Unterrichtung über das Ausmaß und die

Grenzen derartiger militärtechnischer Entwicklungen. Hierbei darf nicht übersehen werden, daß seitens der imperialistischen Staaten, unterstützt von einer sensationshungrigen kapitalistischen Boulevard-Presse, gerade im derzeitigen Stadium der internationalen Diskussion dieser Thematik bewußte Irreführungen und gezielte Falschmeldungen die Bevölkerung in diesen Staaten verwirren sowie die sozialistischen Staaten „auf falsche Spuren" lenken sollen, um die tatsächlichen Forschungen und militärtechnischen Entwicklungen zu verschleiern.

Unbeschadet der Zielsetzung der sozialistischen Staaten, zu einer Weltabrüstungskonferenz zu gelangen und in deren Folge wirksame Beschlüsse zur weiteren Minderung der internationalen Spannungen herbeizuführen, bleibt das Erfordernis zu höchster politischer und militärischer Wachsamkeit bestehen, denn die imperialistischen Konzeptionen für einen Umweltkrieg machen deutlich, *daß der Frieden nur so sicher ist, wie wir ihn schützen!*

## *Anhang*

Tabelle

— aus AMBIO 4 ,1975, Heft 5/6 —

*Major new tactical weapons are entering arsenals at an alarming rate. The following have entered the American arsenal over the past seven years. If environmental weapons are developed they will be rapidly deployed.*

### *AIRCRAFT*

*Attack aircraft*

F-14: air-superiority fighter, Mach 2 +
F-111: variable-sweep wing fighter, Mach 2.5, STOL capability
A-7: close air support, subsonic (650 mile/h), 600-mile combat radius
A-37: close air support, 450 mile/h
OV-10: counterinsurgency, 280 mile/h, attack/observation

Early warning aircraft
E-2: carries airborne tactical system

VTOL aircraft
AV-8A: V/STOL fighter, close-support and reconnaissance version of British Harrier

*Gunships*

AC-119: armed version of C-199 transport, 250 mile/h (max), location and attack of enemy forces
AC-130: close-support conversion of Lockheed Hercules, 380 mile/h (max)

*Helicopters*

OH-6: light observation helicopter
OH-58: light observation helicopter
OH-53: heavy assault transport helicopter
AH-1: attack helicopter (Cobra)

*Transport aircraft*

C-5A: global logistic aircraft, 550 mile/h (max), 200 000 lb cargo
C-2: naval-carrier cargo, 400 mile/h (cruise)

## MISSILES

*Antitank*

TOW: tube-launched, optically-tracked, wire-guided
Shillelagh: light-weight, optically-tracked, infrared-guided, range about 3 miles
Dragon: shoulder-fired, wire-guided, optically-tracked

*Surface-to-air*

Redeye: shoulder-fired, optically-aimed, infrared homing missile
Chaparral: infrared heat-seeking missile
Sea Sparrow: semiactive radar-homing, range about 13 miles
Talos: ship-borne, semiactive radar-homing, also surface-to-surface capability, range about 10 miles, or about 35 miles in extended range version

*Surface-to-surface*

Lance: mobile battlefield support, nuclear or high-explosive warhead, range about 70 miles

*Air-to-air*

*Phoenix: semiactive radar homing, for* F-14 aircraft, range about 80 miles

*Air-to-surface*

Maverick: television-guided, use against small targets, for F-4 and A-7 aircraft
Standard ARM: radar homing antiradiation missile, range over 15 miles

## SENSORS, COMMAND, CONTROL, AND COMMUNICATIONS AND INTELLIGENCE SYSTEMS

Remote ground sensors and equipments
New avionics for night attack aircraft
New aircraft fire-control radars
New aircraft laser designation system
Long-range communications networks
Laser rangefinders
New aircraft electronic intelligence and electronic counter-measures equipment

New ground satellite terminals
New tactical radio and teletype sets
Omega navigation system
Loran D navigation system
New surveillance radars
New starlight scopes
New aircraft cameras
New reconnaissance drones
New intelligence processing systems
New sonobuoys
New sonar systems

*ORDNANCE*

M-16 rifle
M-60 machine gun
M-72 light assault weapon
M-79 grenade launcher
7.62 miniguns
Mk 46 torpedo
Mk 36 destructor
New bombs (*eg* BLU-61)
Rockeye munition
Cluster munitions
Antipersonnel mines
20-mm gun pods
2.75-in rocket with warhead
New bomb fuses
Laser-guided weapons
Walleye guided weapons
(TV guided, glide weapons)
HOBO guided weapons
(TV guided, glide weapons)
Fuel air explosives

*COMBAT VEHICLES*

M 5551 Sheridan light tank
Gamma Goat rough terrain vehicles

[1] Nach "DDT and E Program Before the Armed Services Committee" US-Senate, 17. Feb. 1972, part 1, pp 23—24, Washington DC.

*Anmerkungen*

1. Anläßlich einer Referentenberatung der Arbeitsgruppe Sozialistische Landeskultur beim Präsidium der URANIA am 19. November 1975 in Berlin zum Thema: „Der sowjetische Konventionsentwurf über das Verbot der Einwirkung auf die natürliche Umwelt und das Klima zu militärischen und anderen Zwecken, die mit den Interessen der Gewährleistung der internationalen Sicherheit, des Wohlergehens und der Gesundheit der Menschen nicht vereinbar sind"
sind einige der hier vorzutragenden Fakten bereits Gegenstand der Diskussion gewesen. Der Rückgriff auf die damaligen Ausführungen erfolgte unter Berücksichtigung dieser Diskussion sowie inzwischen bekannt gewordener Publikationen zu diesem Thema.

2. Die für die Existenz der menschlichen Gesellschaft notwendigen und darüber hinaus die auf sie einwirkenden Bedingungen werden im allgemeinen Sprachgebrauch als „Umwelt" bezeichnet. Damit können militärische Aktionen meteorologischen, ökologischen und im allgemeinen Sinne geophysikalischen Charakters durch den Begriff „Umweltkriegführung" erfaßt werden. Nach Haase [1] gilt allgemein, daß der Begriff „Umwelt jene Erscheinungen in Natur und Gesellschaft zusammenfaßt, die im materiellen gesellschaftlichen Lebensprozeß der Menschen mit der Gesellschaft in Wechselwirkung treten, indem sie den Menschen (die Gesellschaft) und seine (ihre) geschichtliche Entwicklung beeinflussen oder von ihm (der Gesellschaft) im Arbeitsprozeß beeinflußt, umgestaltet, geschaffen werden". Weiter heißt es bei Haase: „Natürliche Umwelt" bedeutet „die Gesamtheit aller naturgegebenen, im allgemeinen nicht vom Menschen geschaffenen, aber von ihm beeinflußbaren und zum Teil mitgestalteten (meist makroskopischen) Erscheinungen, die chemischen, physikalischen und biologischen Gesetzlichkeiten in unterschiedlicher Kombination unterliegen" [1]. Für die Gesamtheit der mit Leben erfüllten Bereiche dieser Erde hat sich die Bezeichnung „Biosphäre" eingebürgert.
3. Nach Angaben des Stockholmer Internationalen Institutes für Friedensforschung (SIPRI) sind in unseren Tagen über 10 000 taktische Kernwaffen in militärischen Lagern über Europa verteilt. Die USA lagern auf dem amerikanischen Territorium etwa 10 000 taktische Kernwaffen, weitere 10 000 haben sie weltweit in Militärbasen verteilt. Dazu kommen die über 1000 stationären strategischen Raketenabschußbasen sowie über 500 strategische Bomber und über 40 Unterseeboote als Kernwaffenträger [2; 3].
4. In der Präambel wird festgestellt, „daß der militärische Einsatz von Mitteln zur Umweltbeeinflussung weitreichende, langfristige oder ernste Folge haben könnte, die dem Wohlergehen des Menschen Schaden zufügen, und daß im Gegenteil der Einsatz solcher Mittel zu friedlichen Zwecken zur Verbesserung der Wechselwirkung von Mensch und Natur führen und zur Erhaltung und Umgestaltung der Umwelt zum Wohle der heutigen und künftiger Generationen beitragen könnte". Es wird hierbei hervorgehoben, „die potentielle Gefahr einzuschränken, die für die Menschheit die mit der Anwendung von Methoden zur Umweltbeeinflussung verbundenen Mittel der Kriegführung darstellen". — CCD/471 vom 21. 8. 1975.
5. Der Vertreter der DDR hat vor dem Genfer Abrüstungsausschuß hierzu folgende Ausführungen gemacht:
„Unsere Erwartungen hinsichtlich des Abschlusses einer internationalen Konvention zum Verbot des militärischen Umweltmißbrauchs stützen sich nicht zuletzt auf die Erfolge, die der Abrüstungsausschuß u. a. bei der Ausarbeitung der Konvention über das Verbot der Entwicklung, der Produktion und der Lagerung von bakteriologischen (biologischen) und Toxinwaffen erzielen konnte. Beide Konventionen haben grundlegende Gemeinsamkeiten. Die Folgen der Anwendung von biologischen und von Umweltwaffen sind gleichermaßen unüberschaubar und in ihrer letzten Konsequenz für die Menschheit nicht vorhersehbar ... Beide Waffenarten gefährden die Existenzgrundlagen der menschlichen Gesellschaft."

„Auch die Unterscheidung zwischen zivilem friedlichem und militärischem feindlichem Gebrauch von Umweltveränderungstechniken sollte nicht künstlich erschwert werden ... Die Verantwortung im Sinne tiefster Humanität verlangt das klare Bekenntnis aller Staaten zum Verzicht auf die Anwendung von Umweltwaffen, indem sie eine umfassende präventive Konvention über das völlige Verbot dieser Waffen abschließen. Die grundsätzliche politische Bereitschaft ist die Voraussetzung für die Lösung der damit verbundenen wissenschaftlich-technischen Fragen." — CCD/ PV. 678 v. 5. 8. 1975.

6. Auch gibt es bereits Bedenken, daß schon die nach dem zweiten Weltkrieg durch die Spraydosen in die Atmosphäre bzw. Stratosphäre gelangten mehreren tausend Tonnen Fluorchlorkohlenwasserstoffe aus dem nichtmilitärischen Bereich eine latente Gefahr darstellt, die durch den geplanten Anstieg der Produktion solcher Treibgase exponentiell ansteigen wird.
7. Neben den „offiziellen" Bombenexplosionen gab es weitere Plutonium-Kontaminationen lokaler Natur. Dies geschah beim Absturz je eines mit Atombomben beladenen Flugzeuges am 16. Januar 1966 bei Palomares und am 21. Januar 1968 bei Thule. Es wurden zwei bzw. vier Atombomben zerstört und mehrere Kilogramm Plutonium freigesetzt. Die verseuchten Flächen umfaßten etwa 2,26 $km^2$ bei Palomares bzw. 0,1 $km^2$ bei Thule. Zur Beseitigung des Plutoniums wurden damals großräumige Dekontaminationen durchgeführt. Hierzu wurde die oberste Erdschicht (Palomares) bzw. der kontaminierte Schnee (Thule) eingesammelt. Es blieben trotzdem noch etwa 400 g Plutonium-239 (Thule) bzw. etwa 30 g Plutonium-239 (Palomares) an den Unfallorten zurück. 1970 konnte das beim Zwischenfall von Thule freigesetzte Plutonium inzwischen in Entfernungen bis zu 30 km vom Unfallort nachgewiesen werden. —
   Mengen unter 100 g wurden außerdem bei verschiedenen Laborunfällen frei. Beispielsweise sind in der militärischen Rocky-Flats-Anlage über einen längeren Zeitraum hinweg bei verschiedenen Unfällen etwa 5 bis 50 g Plutonium-239 in die Umgebung entwichen und haben sich im Boden um die Anlage gesammelt. Die genaue Menge an freigesetztem Plutonium ist nicht bekannt. In 40 Meilen Entfernung sind noch Plutoniumablagerungen im Erdboden festgestellt worden.
8. In der Luft beträgt der Höchstwert $10^{-11}$ $\mu Ci/cm^3$ und im Wasser $10^{-3}$ $\mu Ci/cm^3$. Die Werte beziehen sich auf eine 40-Stunden-Woche und gelten für lösliches Plutonium. In der Lunge, das kritische Organ für unlösliches Plutonium, liegt die Menge Plutonium-239 (240) für die maximale Strahlenbelastung bei 0,016 $\mu Ci$ (entsprechend $4 \cdot 10^{-11}$ $\mu Ci/cm^3$ Luft für eine 40-Stunden-Woche). Aber gerade dieser Wert wird im Zusammenhang mit „heißen Teilchen" besonders diskutiert, weil das an Staubteilchen gebundene oder als Aerosol vorliegende unlösliche Plutonium, $PuO_2$, sich in der Lunge ansammelt und nur sehr langsam wieder zur Ausscheidung kommt. Bezogen auf die gleiche Menge an abgegebener Energie scheint Plutonium-239 ($t_{1/2}$ = 24.400 a), das wichtigste Pu-Isotop, etwa fünf- bis zehnmal toxischer zu sein als Radium-226 ($t_{1/2}$ = 1600 a). Für die Retention des Plutoniums im Knochensystem des Menschen wird eine Halbwertszeit von etwa 100 Jahren abgeschätzt.

*Literatur*


[1] HAASE, J., u. G. HAASE: „Die Mensch-Umwelt-Problematik“. In: Geographische Berichte, Gotha 1971, Heft 4, S. 251 u. 257.

[2] SIPRI-Yearbook 1975: „World Armaments and Disarmament“. Almquist u. Wiksell International, Stockholm, and MIT Press, Cambridge, Mass. and London 1975.

[3] BARNABY, F.: “The Spread of the Capability to do Violence — An Introduction to Environmental Warfare”. In: AMBIO 4, Nr. 5/6 1975, S. 178–185.

[4] LUMSDEN, M.: “Conventional War and Human Ecology”. In AMBIO 4, Nr. 5/6 1975, S. 223–228.

[5] SIPRI und M. LUMSDEN: “Incendiary Weapons.” Almquist u. Wiksell International, Stockholm, and MIT Press, Cambridge, Mass. and London 1975.

[6] GROMYKO, A.: „Rede auf der XXIX. Tagung der UNO-Vollversammlung.“ Neues Deutschland, 25. 9. 1974, S. 3–4.

[7] GROMYKO, A.: „Rede auf der XXX. Tagung der UNO-Vollversammlung.“ Neues Deutschland, 24. 9. 1975, S. 3–4.

[8] SCHNEIDER, M. M.: „Gegen den militärischen Mißbrauch der Umwelt.“ In: Deutsche Außenpolitik **21**, 1976, Heft 4, S. 578–601.

[9] LOHS. KH.: „Der Mißbrauch der chemischen Forschung.“ Sitzungsberichte der Akad. d. Wissensch. d. DDR 6 N/1975, Akademie-Verlag, Berlin 1975.

[10] WESTING, A. H.: “Environmental Consequences of the Second Indochina War: A Case Study.” In: AMBIO 4, Nr. 5/6 1975, S. 216–222. Vgl. hierzu derselbe: “Proscription of Ecocide.” In Bulletin of the Atomic Scientists **30**, 1974, Nr. 1, S. 24–27.

[11] US Senate Committee On Foreign Relations: “Hearings before the Subcommittee On Oceans and International Environment.” January 25, and March 20, Weather Modification, US Government Printing Office, Washington DC 1974. Vgl. hierzu J. K. FJODOROW: „Abrüstung auf dem Gebiet der geophysikalischen Waffen.“ In: Wissenschaftliche Welt **19**, 1975, Heft 4, S. 11–15.

[12] HESS, H. W. (Editor): “Weather and Climate Modification.” John Wiley and Sons, New York 1974, siehe auch B. M. JASANI: “Environmental Modifications — New Weapons of War?” In: AMBIO 4, Nr. 5/6 1975, S. 191–198.

[13] Neues Deutschland s. [6] sowie “A selection of documents . . .”. Appendix, in: AMBIO 4, Nr. 5/6 1975, S. 234–244.

[14] SIPRI: “The Problem of Chemical and Biological Warfare.” 6 Bände 1971–76. Almquist and Wiksell International, Stockholm. Vgl. auch KH. LOHS: „Synthetische Gifte“, 4. Auflage, Militärverlag der DDR, Berlin 1974; sowie SIPRI: “Chemical Disarmament: New Weapons for Old.” Almquist and Wiksell International, Stockholm 1975.

[15] LOHS, KH.: „Dioxin — ein neuer chemischer Kampfstoff der imperialistischen Armeen?“ In: Zeitschrift für Militärmedizin **14** (1973) Heft 6, 318–319.

[16] LOHS, KH., und J. MATOUŠEK: „Dioxin nová otravná látka.“ Atom (ČSSR) 8 (1976) Nr. 2, 52–53.

Klaus-Dieter Ernst

# Die Einstellung des Wettrüstens und das Verbot des militärischen Mißbrauchs der Umwelt

Der Kampf um die Einstellung des Wettrüstens und für die Abrüstung, so wurde auf dem XXV. Parteitag der KPdSU erneut mit Nachdruck unterstrichen, ist eine der Hauptrichtungen der außenpolitischen Tätigkeit der sozialistischen Staaten. Er ist darauf gerichtet, die Gefahr eines neuen Weltkrieges zu mindern und in der Perspektive zu beseitigen. Ein dauerhafter und gerechter Frieden in der Welt schafft günstige Bedingungen für den sozialistischen und kommunistischen Aufbau und für weitere Fortschritte im gesamten revolutionären Weltprozeß. Das bestätigt, daß Sozialismus und Frieden eine untrennbare Einheit sind.

Abrüstungsverhandlungen sind außerordentlich kompliziert und langwierig, geht es doch bei ihnen um die Einschränkung der militärischen Machtmittel des Imperialismus. Außerdem werden oft außerordentlich komplizierte militärische, aber auch technische und naturwissenschaftliche Probleme berührt.

Die sozialistischen Staaten schenken der Abrüstung solch große Aufmerksamkeit, weil das Wettrüsten die erreichten Erfolge auf dem Gebiet der politischen Entspannung ernsthaft gefährden kann. Soll der Prozeß der Durchsetzung der friedlichen Koexistenz einen dynamischen, stabilen und unumkehrbaren Charakter erhalten, so werden Maßnahmen der Einstellung des Wettrüstens und der Abrüstung in zunehmendem Maße zu einem objektiven Erfordernis.

Gegenwärtig besteht eine Diskrepanz zwischen dem erreichten Stand der politischen Entspannung und dem fortschreitenden Wettrüsten. In den sowjetisch-amerikanischen Beziehungen und in Europa wurden in einem schwierigen und von Rückschlägen nicht freien Prozeß wesentliche positive Veränderungen der politischen Situation erreicht. Die Entspannung ist zur bestimmenden Tendenz der internationalen Beziehungen geworden. Dem steht das vom Imperialismus initiierte Wettrüsten gegenüber: In den Jahren 1970 bis 1976 sind die Rüstungsausgaben der Welt von etwa 200 Mrd Dollar jährlich auf mehr als 275 Mrd. Dollar gestiegen. Fast 60% davon geben die NATO-Staaten für die Rüstung aus. In der Welt werden im Durchschnitt pro Militärangehörigen im

Jahr etwa 12 330 Dollar, für jedes Schulkind jedoch nur 129 Dollar ausgegeben. Selbst in den Entwicklungsländern werden jährlich etwa 10 Mrd. Dollar für Rüstungsinvestitionen aufgewandt, im Vergleich dazu für Wirtschaftsinvestitionen etwa 16 Mrd. Dollar. 1970 standen in der ganzen Welt 23 Mio Mann unter Waffen, 37 Mio waren in der Rüstungsindustrie tätig.

Die USA und die UdSSR verfügen nach USA-Quellen über ein Kernwaffenpotential mit der 1,2millionenfachen Sprengkraft der Hiroshima-Bombe, d. h. über ein Äquivalent von etwa 24 Mrd. t TNT, d. h. etwa 10 t TNT pro Kopf der Erdbevölkerung. Zum Vergleich dazu: Während des zweiten Weltkrieges wurden gegen Deutschland und Japan Bomben und Granaten mit einem Äquivalent von etwa 2 Mio t TNT eingesetzt.

Dieses Wettrüsten ist eine beständige Gefahr für den Weltfrieden und bindet außerdem riesige finanzielle Mittel und geistige Potenzen, die weit nutzbringender für die Lösung der Lebensfragen der Menschheit eingesetzt werden könnten. So betragen die Ausgaben für militärische Forschung etwa 25 Mrd. Dollar; für die medizinische Forschung dagegen nur 4 Mrd. Dollar jährlich.

Die Einstellung des Wettrüstens würde darüber hinaus in den Auseinandersetzungen zwischen verschiedenen Gruppierungen des Monopolkapitals dazu beitragen, die aggressivsten und abenteuerlichsten Kräfte des Imperialismus, den militärisch-industriellen Komplex, zurückzudrängen.

Die Einstellung des Wettrüstens und die Abrüstung ist jedoch nicht nur notwendig, sondern auch möglich. Die Veränderungen des Kräfteverhältnisses in der Welt zugunsten des Sozialismus verstärkt auch in führenden Kreisen des Imperialismus den Zwang zur Anpassung an die Realitäten und die Erkenntnis, daß die Entfesselung eines nuklearen Weltkrieges durch den Imperialismus einem Selbstmord gleichkäme.

Der Zwang zur Anpassung wurde besonders durch die Veränderungen des militärischen Kräfteverhältnisses in der Welt beeinflußt. Es steht außer Zweifel, daß die Brechung des Kernwaffenmonopols und schließlich auch der nuklearen Überlegenheit der USA durch die UdSSR die Grundvoraussetzung für das Zustandekommen von ersten Vereinbarungen zur Einstellung des Wettrüstens und für die Wende vom „kalten Krieg" zur friedlichen Koexistenz von Staaten gegensätzlicher Gesellschaftsordnung war. Immerhin wurden 7 multilaterale und mehrere sowjetisch-amerikanische Vereinbarungen zur Begrenzung des Wettrüstens abgeschlossen.

Es ist ebenso unbestritten, daß die ständige Wahrung der Verteidigungsbereitschaft der sozialistischen Staaten eine Vorbedingung für die Weiterführung dieses Prozesses ist. Es kann keine einseitigen Vorleistungen der sozialistischen Staaten auf dem Gebiet der Abrüstung geben. Die sozialistischen Staaten können bei Abrüstungsverhandlungen keine Veränderung des militärischen

Kräfteverhältnisses zu ihren Ungunsten zulassen. Vereinbarungen, die diesem Grundsatz der unverminderten Sicherheit widersprechen, würden die militärische Konfrontation nicht abbauen, sondern eine instabile und gefährliche internationale Lage schaffen.

Ausgehend von der Analyse der konkreten politischen Situation und unter Berücksichtigung militärischer und technisch-wissenschaftlicher Entwicklungen hat die UdSSR auf dem XXV. Parteitag der KPdSU jene Probleme aufgegriffen, deren Lösung notwendig und möglich ist. Das sind im einzelnen:

- Der Abschluß eines neuen Abkommens über die Begrenzung und Einschränkung der strategischen Rüstungen zwischen der UdSSR und den USA.

Ein solches Abkommen würde — entsprechend den 1974 in Wladiwostock vereinbarten Grundsätzen — eine quantitative und qualitative Begrenzung der strategischen Rüstungen beinhalten.

Weiter sieht das Programm des XXV. Parteitages der KPdSU multilaterale Verträge vor über

- die allgemeine und vollständige Einstellung der Kernwaffenversuche;
- das Verbot und die Vernichtung chemischer Waffen;
- das Verbot der Entwicklung neuer Arten und Systeme von Massenvernichtungswaffen sowie
- das Verbot der Einwirkung auf die Umwelt zu militärischen Zwecken und
- Verhandlungen über die Reduzierung von Streitkräften und Rüstungen in Mitteleuropa,
- Verhandlungen über die systematische Kürzung der Rüstungsausgaben und
- die schnellstmögliche Einberufung einer Weltabrüstungskonferenz.

Ausgangspunkt für den sowjetischen Vorschlag über das Verbot der Einwirkung auf die Umwelt zu militärischen Zwecken von 1974 war die Erkenntnis, daß durch die Erfolge der Wissenschaft bei der künstlichen Beeinflussung von Umweltprozessen für friedliche Zwecke auch die Möglichkeiten für den militärischen Mißbrauch der Fortschritte der Wissenschaft wachsen. Eine Manipulation der riesigen, bestimmten Naturerscheinungen innewohnenden Kräfte für militärische Zwecke würde große Gefahren für die gesamte Menschheit heraufbeschwören. Da Wissenschaft und Technik auf diesem Gebiet noch am Anfang stehen, wäre bereits die Erprobung solcher Methoden mit einem unerträglichen Risiko verbunden. Durch solch neue Methoden der Kriegführung könnte das gegenwärtig existierende internationale Kräfteverhältnis in einem solchen Maße verändert werden, daß der Frieden erheblich gefährdet und die Entspannungspolitik wesentlich gestört würde.

Manche der in der wissenschaftlichen Literatur angeführten Methoden der Umweltbeeinflussung zu militärischen Zwecken (wie z. B. Beeinflussung des Klimas, der Lithosphäre, der Ozonschicht, der Meere und Ozeane) mögen heute utopisch klingen, aber gerade die letzten Jahrzehnte haben gezeigt, daß durch die enorme Entwicklung der Wissenschaft heute schon Realität ist, was gestern noch Utopie war. Der britische Kernphysiker Rutherford prophezeite in den dreißiger Jahren, daß die Nutzung der Kernenergie eine Angelegenheit des nächsten Jahrhunderts sei. Etwas mehr als 10 Jahre später wurden Hiroshima und Nagasaki durch USA-Atombomben zerstört. 1975 verfügten 21 Staaten über Kernkraftwerke und etwa 50 über Forschungsreaktoren. Es besteht deshalb alle Veranlassung, auch die heute existierenden Möglichkeiten der Umweltbeeinflussung ernst zu nehmen und nach Wegen zu suchen, entsprechende Mittel und Methoden der Kriegführung zu verbieten, noch ehe sie wissenschaftlich und technisch ausgereift und Bestandteil der militärischen Planung und der Arsenale vieler Staaten sind. Die Abrüstungsverhandlungen haben gezeigt, daß es leichter ist, bestimmte Mittel und Methoden der Kriegführung zu verbieten oder bestimmte Bereiche menschlicher Tätigkeit vom Wettrüsten auszuschließen, bevor das Wettrüsten auf diesen Gebieten beginnt. Es ist ungleich schwerer, bereits eingetretene Entwicklungen auf dem Rüstungssektor wieder rückgängig zu machen.

Das Verbot des militärischen Mißbrauchs der Umwelt baut auf zahlreichen bereits existerenden Verboten bestimmter Methoden der Kriegführung und bestimmter Waffen auf und ist darauf gerichtet, neue zusätzliche völkerrechtliche Schranken zu errichten. So zum Beispiel das Verbot giftiger und vergifteter Waffen in den Deklarationen von Petersburg (1868) und Brüssel (1874) sowie in den Haager Konventionen von 1899 und 1907. So heißt es in Art. 22 der Haager Landkriegsordnung: „Die Kriegführenden haben kein unbeschränktes Recht in der Wahl der Mittel zur Schädigung des Feindes.“ Zugleich wurden Waffen und Methoden der Kriegführung verboten, die unnötige Leiden der Zivilbevölkerung hervorrufen sowie sogenannte „blinde Waffen“. Gerade diese Merkmale gelten besonders für den „Umweltkrieg“.

Durch den sowjetischen Entwurf von 1974 wurde die Weltöffentlichkeit auf die Gefahren eines Umweltkrieges aufmerksam gemacht. Auf der XXIX. UNO-Vollversammlung erhielt dieser Entwurf breite Zustimmung. Zugleich fanden sowjetisch-amerikanische Expertenberatungen zur Formulierung eines Entwurfs statt, die schließlich im August 1975 zur Vorlage eines neuen Konventionsentwurfes im Genfer Abrüstungsausschuß führten.

Die wesentlichste Veränderung ist, daß anstelle der Aufzählung von 12 verbotenen Möglichkeiten der Umweltbeeinflussung im sowjetischen Entwurf von 1974 nunmehr in Art. 2 des neuen Entwurfes ein allgemeines Verbot formuliert wurde.

Warum diese Veränderungen?

Vereinbarungen zur Einstellung des Wettrüstens und zur Abrüstung sind nicht nach der Devise „Alles oder Nichts" zu erreichen. Unter den gegenwärtigen Bedingungen ist es lediglich möglich, eine Teillösung zu erzielen. Es wäre töricht, diese Möglichkeit nicht zu nutzen und statt dessen auf einer zur Zeit nicht realisierbaren Gesamtlösung zu beharren. Mit diesem Kompromiß sind die Chancen für eine — zwar begrenzte — Vereinbarung erheblich gestiegen. Durch das Weglassen bestimmter naturwissenschaftlicher Details im neuen Konventionsentwurf wird zugleich die politische Entscheidung für das Zustandekommen eines Verbots in den Vordergrund geschoben. Das berührt ein wesentliches Problem der gegenwärtigen Abrüstungsverhandlungen und ihre Wirksamkeit in der Öffentlichkeit.

In immer stärkerem Maße erfordern Abrüstungsverhandlungen die Erörterung sehr komplizierter naturwissenschaftlicher und spezifischer militärischer Probleme. Das birgt die Gefahr in sich, daß Abrüstungsverhandlungen mehr und mehr eine Sache der Experten werden und ihre mobilisierende Wirkung als politische Forderung der Volksmassen im Kampf für den Frieden eingeschränkt wird. Daraus ergeben sich sehr wichtige Konsequenzen für die Abrüstungsverhandlungen und für die Öffentlichkeitsarbeit.

— Es muß hervorgehoben werden, daß die politischen Entscheidungen und die politische Bereitschaft der Staaten das entscheidende Kriterium für das Zustandekommen von Vereinbarungen zur Einstellung des Wettrüstens und zur Abrüstung ist. Ist diese Bereitschaft vorhanden, lassen sich auch zugegebenermaßen schwierige naturwissenschaftliche und militärische Probleme lösen.

— Auch schwierige naturwissenschaftliche und militärische Zusammenhänge müssen breiten Teilen der Bevölkerung in sachlicher Weise verständlich gemacht werden, ohne eine allgemeine Furcht vor Waffen oder einen Fatalismus angesichts der Möglichkeit für die Vernichtung der Menschheit zu erzeugen.

Martin Manfred Schneider

# Zum Begriff der Umweltkriegführung aus der Sicht der internationalen Anstrengungen um ihr Verbot

Die UdSSR schlug der XXIX. UNO-Vollversammlung am 24. September 1974 vor, das Verbot der Einwirkung auf die natürliche Umwelt und das Klima zu militärischen und anderen Zwecken, die mit den Interessen der Gewährleistung der internationalen Sicherheit, des Wohlergehens und der Gesundheit der Menschen nicht vereinbar sind, als wichtige und dringende Frage in ihre Tagesordnung aufzunehmen. Der Außenminister der UdSSR, Andrej Gromyko, stellte in der Begründung fest:

„Die Erfolge des wissenschaftlich-technischen Fortschrittes haben die Möglichkeit erweitert, die Natur und das Klima der Erde zu beeinflussen, die auf ihr vorgehenden komplizierten und mächtigen Prozesse in bestimmtem Sinne zu steuern. Leider können die neuesten Entdeckungen nicht nur zu schöpferischen, sondern auch zu militärischen Zwecken verwendet werden, wobei die zerstörerischen Folgen für die Menschheit in diesem Fall von gewaltiger Schwere wären. Das sind keine Erfindungen von Phantasten, sondern das ist eine Gefahr, die immer realere Züge annimmt. Im Interesse aller Völker muß die entstehende Gefahr im Keime erstickt werden.“ [1]

Die Existenz dieser drohenden Gefahr bewegt die Weltöffentlichkeit seit der Aggression der USA in Vietnam in zunehmendem Maße. Aus Pressenotizen, Veröffentlichungen in wissenschaftlichen Zeitschriften und offiziellen Dokumenten ist bekannt geworden, daß systematische Versuche der US-amerikanischen Militärs, die Manipulation des Wettergeschehens als eine neue Methode der Kriegführung zu erproben, während des Vietnamkrieges jahrelang einen beträchtlichen Umfang eingenommen haben. Man hat für diese Art der Kriegführung die Bezeichnung „Wetterkrieg“ oder „meteorologischer Krieg“ geprägt. [2]

Auch die umfangreichen Aktivitäten der USA zur Schädigung oder gar zur totalen Vernichtung des natürlichen ökologischen Systems in Vietnam gehören zu den Bestrebungen, neuartige Formen der Kriegführung zu entwickeln. Sie wurden bekanntlich von allen fortschrittlichen Kräften der Welt angeprangert und mit Abscheu verurteilt. Über diese „ökologische Kriegführung" liegen ausführliche Dokumentationen vor, die die Konsequenzen eines noch weiter führenden militärischen Mißbrauchs der Umwelt eindringlich veranschaulichen. [3]

Schließlich gibt es darüber hinaus ernstzunehmende Überlegungen, ob und in welchem Umfange geophysikalische Erscheinungen als Mittel der Kriegführung ausgenutzt werden könnten. Es ist der Begriff „geophysikalischer Krieg" eingeführt worden. Man versteht darunter z. B. die Auslösung künstlicher Flutwellen und Erdbeben, die Beeinflussung von Meereströmungen oder Eingriffe in den Zustand der hohen Atmosphäre mit der Absicht, einen Gegner zu schädigen, einen Teil seines Territoriums oder seines Einflußbereiches zu zerstören oder ganz zu vernichten.

Alle diese militärischen Aktionen meteorologischen, ökologischen und im allgemeinen Sinne geophysikalischen Charakters werden durch den Begriff „Umweltkriegführung" zusammengefaßt. Offensichtlich wird diesen Methoden von US-amerikanischen Militärexperten erhebliche Bedeutung beigemessen. Der Vizepräsident des Pentagon-Instituts für Verteidigungsforschung, der Geophysiker Mac Donald, hatte bereits 1968 den Stand der wissenschaftlich-technischen Kenntnisse analysiert und die Realisierbarkeit der Entwicklung von Methoden der Umweltkriegführung prognostisch eingeschätzt. [4]

Ein wesentlicher Ausgangspunkt dieser Überlegungen ist, daß es in der natürlichen Umwelt, in der Atmosphäre ebenso wie im festen Erdkörper, Bereiche gibt, in denen große Energiemengen akkumuliert sind. Diese Anhäufungen sind nicht stabil, sondern werden durch natürliche Prozesse, z. B. durch das Wettergeschehen in der Troposphäre, durch Bodenrutschungen an der Erdoberfläche oder durch Erdbeben in der Erdkruste, umverteilt bzw. abgebaut. Gelingt es, diese Energiemengen willkürlich zielgerichtet freizusetzen, kann die natürliche Umwelt den Bedürfnissen der Entwicklung der menschlichen Gesellschaft in gewissem Maße angepaßt werden. Werden die Naturkräfte jedoch in feindseliger Absicht mißbraucht, stellen sie ein Mittel der meteorologischen bzw. geophysikalischen Kriegführung dar mit unter Umständen furchtbarer Zerstörungsgewalt.

Die instabil konzentrierten Energien können außerordentliche Beträge erreichen. In einem tropischen Wirbelsturm wird z. B. täglich eine Wärmemenge freigesetzt, die 400 Atombomben vom Typ Hiroshima (20 kt TNT-Äquivalent) entspricht. [5] Eine Gewitterwolke setzt im Verlaufe ihrer Existenz ein Energieäquivalent von etwa 500 kt TNT um. Durch Erdbeben wird jährlich ein Energieäquivalent von etwa 200 Mt TNT frei; starke Erdbeben entsprechen dem Megatonnen-Bereich. [6]

Sicherlich sind die Möglichkeiten zur künstlichen Auslösung natürlich gespeicherter Energiemengen begrenzt und können bei unkritischer Betrachtung überschätzt werden. Aber auch nur einen Teil davon für militärische Zwecke zu nutzen, würde eine beträchtliche Steigerung des Vernichtungspotentials einer modern ausgerüsteten Armee darstellen können.

Insgesamt gesehen ist die Realisierbarkeit der verschiedenen in der Diskussion befindlichen Methoden zur Führung eines Umweltkrieges unterschiedlich zu bewerten. Manche Techniken wurden — wie von den USA in Vietnam — bereits praktisch erprobt, andere dagegen entbehren gegenwärtig noch gesicherter wissenschaftlich-technischer Grundlagen oder sind sogar spekulativ. Es gibt Eingriffsmöglichkeiten in die natürliche Umwelt, die mit den vorhandenen technischen Mitteln bereits jetzt oder in naher Zukunft als realisierbar einzuschätzen sind, aber ihr militärischer Nutzen und die möglichen Rückwirkungen auf den Anwender sind nicht — oder noch nicht — klar. Ein Beispiel dafür mögen Maßnahmen zur Veränderung klimatischer Elemente darstellen. Für einen kontrollierten und effektiven Einsatz mit dem Ziele der Schädigung oder Vernichtung eines Gegners wären auch für eine Reihe weiterer denkbarer Eingriffe in natürliche Prozesse noch grundlegende Forschungsarbeiten zu leisten.

Trotz dieser Einschränkungen, die gegenwärtig notwendig sind, ist auf Grund geschichtlicher Erfahrungen mit Gewißheit anzunehmen, daß in absehbarer Zeit neue Methoden entwickelt, bisher verborgene Einsichten in die komplizierten Zusammenhänge des Naturgeschehens gewonnen und heute noch unbekannte Effekte entdeckt und für militärische Zwecke nutzbar gemacht werden können. Es liegt nahe zu erwarten, daß durch Manipulationen der natürlichen Umwelt neuartige Massenvernichtungsmittel geschaffen werden können und damit das Wettrüsten auf ein unkonventionelles Gebiet der Möglichkeiten der Kriegführung ausgedehnt wird.

Der Vorschlag der UdSSR auf der XXIX. UNO-Vollversammlung [7], eine internationale Konvention über ein präventiv wirksames Verbot abzuschließen, war ein bedeutender Schritt, diese Gefahr im frühestmöglichen Stadium abzuwenden und damit gleichzeitig die weiteren Bemühungen um die Abrüstung und um die Einschränkung des Wettrüstens zu fördern. Die entsprechende Resolution 3264 (XXIX.) wurde mit 126 Stimmen ohne Gegenstimme bei fünf Enthaltungen angenommen. In ihr wurde der Genfer Abrüstungsausschuß ersucht, den Text einer internationalen Konvention auf der Grundlage des sowjetischen Entwurfes und der in der Debatte geäußerten Meinungen zu erarbeiten. Die USA lehnten den sowjetischen Konventionsentwurf als Verhandlungsbasis ab, nahmen aber angesichts der weltweiten Unterstützung des sowjetischen Vorschlages unter Vorbehalten an der weiteren Erörterung der Problematik teil:

Bereits auf der Frühjahrssession 1975 des Genfer Abrüstungsausschusses haben sich im Prinzip alle an den Beratungen beteiligten Staaten für ein baldiges Verbot der Umweltkriegführung ausgesprochen. In der Sommersession 1975 fanden Beratungen unter Beteiligung von Regierungsexperten statt, an denen auch Vertreter der Weltorganisation für Meteorologie (WMO) und des UNO-Umweltprogrammes (UNEP) das Wort ergriffen. Der Abrüstungsbeauftragte der DDR brachte vor dem Ausschuß zum Ausdruck:

„Die Verantwortung im Sinne tiefster Humanität verlangt das klare Bekenntnis aller Staaten zum Verzicht auf die Anwendung von Umweltwaffen, indem sie eine umfassende präventive Konvention über das völlige Verbot dieser Waffe abschließen. Die grundsätzliche politische Bereitschaft ist die Voraussetzung für die Lösung der damit verbundenen wissenschaftlich-technischen Fragen." [8]

Die Stellungnahmen der im Genfer Abrüstungsausschuß vertretenen Staaten machten deutlich, daß eine internationale Konvention zum Verbot der Umweltkriegführung nicht alle Aspekte des Mißbrauchs oder der Schädigung und Zerstörung der natürlichen Umwelt regeln kann. Vielmehr soll die Konvention, und das ist das ureigenste Anliegen der sowjetischen Initiative, als Maßnahme der Rüstungsbegrenzung den Mißbrauch der natürlichen Umwelt als Mittel der Kriegführung, sozusagen im Sinne des Gebrauches als Waffe, verbieten. Dafür ist nicht maßgeblich, ob solche Aktivitäten mit feindseliger Absicht in Verbindung mit anderen militärischen Maßnahmen — also im Verlaufe eines bewaffneten Konfliktes — oder in Friedenszeiten ohne offene militärische Handlungen — unter Umständen heimlich — stattfinden. Hingegen unterliegen Experimente oder andere Eingriffe zur Beeinflussung der natürlichen Umwelt für friedliche Zwecke, die unbeabsichtigterweise zu Schädigungen oder Beeinträchtigungen anderer Staaten führen, nicht der in der Diskussion befindlichen Konvention. Diese Fragen wären in entsprechenden internationalen Gremien wie WMO oder UNEP zu regeln.

Es darf in diesem Zusammenhang ferner darauf aufmerksam gemacht werden, daß das Problem von Schädigungen der natürlichen Umwelt als Folge der Anwendung konventioneller oder nichtkonventioneller militärischer Mittel nicht Gegenstand der Beratungen des Genfer Abrüstungsausschusses ist, sondern durch die Diplomatische Konferenz über die Neubestätigung und die Weiterentwicklung des in bewaffneten Konflikten anwendbaren humanitären Völkerrechts erörtert wird.

In der Schlußphase der Sommersession 1975 des Genfer Abrüstungsausschusses wurde durch die UdSSR der gleichlautende neue Entwurf einer „Konvention über das Verbot des militärischen oder sonstigen feindseligen Einsatzes von Mitteln zur Umweltbeeinflussung" eingebracht. Er ist das Ergebnis fortgesetzter bilateraler Beratungen beider Staaten und berücksichtigt die im Genfer Abrüstungsausschuß geäußerten Meinungen. [9]

In der Präambel des Konventionsentwurfes wird festgestellt, „daß der militärische Einsatz von Mitteln zur Umweltbeeinflussung weitreichende, langfristige oder ernste Folgen haben könnte, die dem Wohlergehen der Menschen Schaden zufügen, und daß im Gegenteil der Einsatz solcher Mittel zu friedlichen Zwecken zur Verbesserung der Wechselwirkung von Mensch und Natur führen und zur Erhaltung und Umgestaltung der Umwelt zum Wohle der heutigen und künftiger Generationen beitragen könnte." Es gehe darum, „die potentielle Gefahr einzuschränken, die für die Menschheit die mit der Anwendung von Methoden zur Umweltbeeinflussung verbundenen Mittel der Kriegführung darstellen".

Artikel I enthält die Verpflichtung, „vom militärischen oder sonstigen feindseligen Einsatz von Mitteln zur Umweltbeeinflussung, die als Methoden der Zerstörung, der Beeinträchtigung oder der Verursachung von Schäden bei einem anderen Teilnehmerstaat weitreichende, langandauernde oder ernste Folgen haben, keinen Gebrauch zu machen".

Artikel II definiert den Begriff „Mittel zur Umweltbeeinflussung". Dieser „bezieht sich auf alle Mittel zur Veränderung der Dynamik, Zusammensetzung oder Struktur der Erde, einschließlich ihrer Pflanzen- und Tierwelt, Lithosphäre, Hydrosphäre und Atmosphäre, oder des Weltraumes — durch vorsätzliche Steuerung natürlicher Prozesse — mit dem Ziel, solche Effekte hervorzurufen wie Erdbeben und Tsunami, Störung des ökologischen Gleichgewichts eines Gebietes oder Veränderungen im Wettercharakter (Wolken, Niederschläge, Zyklone unterschiedlicher Art und tornadoartige Stürme), in der Beschaffenheit der Ozonschicht oder der Ionosphäre, im Klimacharakter oder in Meeresströmungen".

Diese Formulierung des Artikels II steht im Sinne einer Generalklausel anstelle der Aufzählung verschiedenartiger Eingriffsmöglichkeiten in die natürliche Umwelt, wie sie im sowjetischen Konventionsentwurf von 1974 enthalten ist. Die Kennzeichnung der Methoden zur „Zerstörung, der Beeinträchtigung oder der Verursachung von Schäden" mit „weitreichenden, langandauernden oder ernsten Folgen" im Artikel I und der Einschub „— durch vorsätzliche Steuerung natürlicher Prozesse —" im Artikel II legen den Geltungsbereich der Konvention fest: nicht die Schädigung oder Zerstörung der Umwelt, sondern der Mißbrauch natürlicher Vorgänge als Mittel der Kriegführung ist Gegenstand der in Beratung befindlichen Abrüstungsmaßnahme.

Es sei außerdem darauf hingewiesen, daß nach Artikel III des vorliegenden Konventionsentwurfes der Einsatz von Mitteln zur Umweltbeeinflussung zu friedlichen Zwecken sowie die internationale Zusammenarbeit bei der Nutzung,

Erhaltung und Verbesserung der Umwelt zu friedlichen Zwecken nicht behindert werden sollen.

Während der Frühjahrssession 1976 des Genfer Abrüstungsausschusses wurde der gleichlautende Konventionsentwurf der UdSSR und der USA ausgiebig diskutiert. Nach der Erörterung wissenschaftlich-technischer Fragen unter der Beteiligung von Regierungsexperten und in Anbetracht der erzielten prinzipiellen Übereinkunft über die Notwendigkeit einer präventiv wirksamen Konvention stehen im gegenwärtigen Stadium der Beratungen die völkerrechtlichen und politischen Aspekte des Problems im Vordergrund. Die Stellungnahmen der verschiedenen Staaten betreffen im wesentlichen den Geltungsbereich des vorgesehenen Verbotes, d. h. Inhalt und Wortlaut der Artikel I und II. sowie Maßnahmen bei einer eventuellen Verletzung der abzuschließenden Konvention.

Der Vertreter der DDR im Genfer Abrüstungsausschuß hat eine realistische Einschätzung zum Stand der Beratungen abgegeben, die sinngemäß mit den Erklärungen verschiedener anderer Staaten übereinstimmt: „Wir möchten generell feststellen, daß uns der jetzt vorliegende Text des Konventionsentwurfes nicht in jeder Hinsicht befriedigt. Wir hätten bestimmte Formulierungen des sowjetischen Entwurfes aus dem Jahre 1974 vorgezogen. Da jedoch kein Staat erwarten kann, daß sein Standpunkt vollständig in einem internationalen Abkommen berücksichtigt werden kann, kommt es darauf an, einen annehmbaren Kompromiß zu erstreben. Wir sind der Meinung, daß die gleichlautenden Texte der UdSSR und der USA vom 21. 8. 1975 einen solchen Kompromiß darstellen." [10]

Es kann erwartet werden, daß es während der Sommersession 1976 des Genfer Abrüstungsausschusses zu weiteren Textvereinbarungen kommen wird. [11]

*Literatur*

[1] Vgl. Neues Deutschland vom 25. Sept. 1974.

[2] Shapley, Z. B. D., Rainmaking: Rumored Use Over Laos Alarms Arms Experts, Scientists; Science, Washington, **176** (1972), 1216—1220. D. Shapley, Weather Warfare: Pentagon Concedes 7-Years Vietnam Effort; Science, Washington, **184** (1974), 1059—1061. Weather Modification, Hearings before the Subcommittee on Oceans and International Environment, Committee on Foreign Relations, U. S. Senate, 93rd Congress, Second Session; Washington, 1974.

[3] Z. B. The Effects of Herbicides in Sout hVietnam; Committee on the Effects of Herbicides in Vietnam, Division of Biological Sciences. Assembly of Live Sciences, National Research Council, National Academy of Sciences; Washington, 1974, Part A.

[4] MAC DONALD, G. J. F.: Wie man die Umwelt zerstören kann. In: Eskalation der neuen Waffen — Friede oder Untergang, hrs. von Nigel Calder, Verlag Kurt Desch, München/Wien/Basel, 1969, 191–210.

[5] Vgl. J. SIMPSON, concerning weather modification; Bull. Amer. Meteorol. Soc., Boston, **56** (1975) 1, 47.

[6] Vgl. G. J. F. MAC DONALD, a. a. O.

[7] Vgl. Neues Deutschland vom 29. Sept. 1974.

[8] Vgl. Materialien des Genfer Abrüstungsausschusses (Conference of the Committee on Disarmament), CCD/PV. 678 vom 5. Aug. 1975, 10.

[9] Vgl. CCD/471 vom 21. Aug. 1975.

[10] Vgl. CCD/PV. 698 vom 30. März 1976.

[11] Vgl. Erklärung des Leiters der DDR-Delegation im Genfer Abrüstungsausschuß, Botschafter Dr. G. HERDER, im Neuen Deutschland vom 23. April 1976, auszugsweise veröffentlicht unter der Überschrift „Abrüstungsanstrengungen müssen verstärkt werden":

„Die Verhandlungen darüber werden im Verlauf der Sommersession mit dem Ziel fortgesetzt werden, nach Möglichkeit noch in diesem Jahr der UNO-Vollversammlung den Entwurf für diese Konvention vorzulegen."

FSC
www.fsc.org
MIX
Papier | Fördert gute Waldnutzung
FSC® C083411

Zeitfracht Medien GmbH
Ferdinand-Jühlke-Straße 7
99095 Erfurt, Deutschland
produktsicherheit@kolibri360.de